À POÊLE
ELISE
DELPRAT
ALVARÈS
LES GÂTEAUX

\ 不用買烤箱也OK！ /

法國老奶奶的
平底鍋鹹甜蛋糕食譜

Elise Delprat-Alvarès

依麗絲·黛爾帕·艾爾瓦黑 著

蘇菲Sophie 譯

無烤箱也能做蛋糕？
省時省能源，而且還有多種變化！

用平底鍋做蛋糕的食譜，是從皮耶雷特老奶奶的筆記本發現的。更令人震驚的是，老奶奶的烹調方法不但節省能源，還美味得令人感動不已。用平底鍋直接在瓦斯爐上烘烤，竟然也能烤出這些傳奇性蛋糕。驚奇的平底鍋蛋糕料理上菜了！

廚具及烘烤

1. 廚具挑選上，可以使用天然石材平底鍋，或鑄鐵鍋烘烤。我建議使用不沾鍋，不但能將蛋糕輕鬆漂亮地翻面，也可以減少用油。

2. 另外，蓋上鍋蓋悶著烤熟蛋糕，可讓溫度充分擴散和均勻分佈。我建議使用透明鍋蓋，方便觀察烹煮所需的時間，不需要將鍋子離開爐火。最後，輕輕地搖動平底鍋，確認蛋糕的表面不會搖晃，就完成啦！

3. 可以依照自己喜歡的口感，決定要不要將蛋糕翻面再烘烤！如果兩面都烤過，會比較上色、口感香脆。如果不翻面，吃起來較柔軟、半熟內餡也會如熔岩般緩緩流出。

4. 將蛋糕翻面的工具，可用另一個平底鍋，例如小型法式可麗餅鍋，蓋住蛋糕來翻面。或是用另一個盤子，蓋住蛋糕後，翻轉平底鍋於上方，再從盤子滑動蛋糕回到平底鍋，繼續烘烤。

5. 切記！千萬不要將翻面後的蛋糕，在平底鍋裡繼續烘烤超過 25 分鐘，不然很有可能會燒焦！

6. 但如果建議烘烤時間結束後，蛋糕的表面還是沒熟，可以將平底鍋離開爐火，蓋上鍋蓋利用餘溫，再續悶 15 分鐘左右。

7. 最後加熱的選擇，可以在瓦斯爐上低溫烘烤，也可以使用感應電磁爐（編按：但要確認鍋具是否適用於電磁爐，通常以鑄鐵、不鏽鋼鍋、鐵製平底鍋等為佳）。

4 人份

70g 核桃

50g 黑巧克力豆

165g 奶油

2 顆蛋

250g 糖粉

2 包香草糖粉（約 15g）

90g 無糖可可粉

60g 低筋麵粉

50g 杏仁粉

BROWNIE FONDANT

熔岩核桃布朗尼

aux noix

★備材 10分鐘　★烘烤 20分鐘　★悶燒 30分鐘

1. 將 150g 奶油切小塊，放入微波爐以 950W 火力加熱 1 分鐘，使奶油融化。

2. 用打蛋器在大碗裡攪拌蛋、糖粉、香草糖粉，然後倒入可可粉、融化奶油，再倒入麵粉、杏仁粉，其間需不停地攪拌。最後加入核桃、黑巧克力豆，攪拌均勻，形成麵糊。

3. 在不沾平底鍋中，小火融化剩下的 15g 奶油後，倒入麵糊，蓋上鍋蓋，繼續烘烤 20 分鐘。

4. 關火後，蓋上鍋蓋悶熟 30 分鐘。待蛋糕完全冷卻後，放入冰箱冷藏。冰涼後取出即可享用。

巧思變化

核桃也可以改用夏威夷果仁、開心果、巴西堅果，或依個人喜好放入其他的新鮮堅果。

4 人份

150g 牛奶巧克力

12 個法國小熊棉花糖

95g 奶油

3 顆蛋

80g 糖粉

130g 低筋麵粉

30g 玉米粉

半包泡打粉（約 5.5g）

1 湯匙糖粉

CHOCOLAT AU LAIT

棉花糖夾心牛奶巧克力
cœur guimauve

★備材 10分鐘　★烘烤 20分鐘　★悶燒 15分鐘

1. 牛奶巧克力、80g 奶油切小塊，一起放入微波爐中用 950W 火力微波 50 秒。

2. 分離蛋黃、蛋白。用攪拌器將蛋黃、糖粉打發，再加入步驟 1 融化的奶油巧克力，攪拌至光滑。再拌入麵粉、玉米粉、泡打粉。

3. 打發蛋白至堅硬，分次加入步驟 2 的麵糊，攪拌均勻。再將小熊棉花糖分成 3 等分，分次拌入麵糊裡。

4. 不沾平底鍋中，融化剩下的 15g 奶油。倒入麵糊，蓋上鍋蓋，小火烘烤 20 分鐘。關火後，蓋上鍋蓋繼續悶熟約 15 分鐘。

5. 可以將蛋糕切成正方形，撒上糖粉裝飾，就完成嚕！

4 人份

10 顆黑無花果

2 條香草豆莢

180cc 牛奶

90g 奶油

2 顆蛋

100g 糖粉

150g 低筋麵粉

1 包泡打粉（約 11g）

FIGUES

天然香草黑無花果蛋糕

à la vanilla

★備材 **10分鐘**　★烘烤 **30分鐘**

1. 先剖開香草豆莢，取出香草籽。不鏽鋼鍋中倒入牛奶、香草豆莢、香草籽，加熱數分鐘，讓香草的味道與牛奶融合。再拿掉香草豆莢。

2. 將黑無花果洗乾淨，切成兩半。不沾平底鍋中融化 20g 奶油，拌炒無花果 10 分鐘。

3. 剩下的 70g 奶油切小塊，950W 微波 45 秒至奶油融化。

4. 在大碗裡，攪拌蛋、糖粉，加入麵粉、泡打粉攪拌。再倒入融化奶油、步驟 1 的香草牛奶，緩緩地攪拌，形成均勻的麵糊。

5. 將麵糊倒在步驟 2 炒好的黑無花果上，蓋上鍋蓋，小火烘烤 20 分鐘。

~~~

220g 栗子奶油

100g 烤榛果碎粒

少許烤榛果碎粒（裝飾用）

55g 奶油

2 顆蛋

40g 糖粉

120g 煉乳

140g 低筋麵粉

半包泡打粉（約 5.5g）

CRÈME DE MARRONS

榛果栗子奶油蛋糕
et éclats de noisettes

★備材 10分鐘　★烘烤 20~25分鐘

1. 將 40g 奶油切小塊，950W 微波 30 秒，融化奶油。

2. 在大碗裡，攪拌蛋、砂糖、煉乳。加入麵粉、泡打粉攪拌，再加入烤榛果碎粒，形成均勻的麵糊。

3. 不沾平底鍋中，融化剩下的 15g 奶油。倒入麵糊，蓋上鍋蓋，小火烘烤 15 ～ 20 分鐘。

4. 用另一個平底鍋或盤子輔助，將表面已乾燥的蛋糕翻面，不蓋上鍋蓋，繼續烘烤 5 分鐘。

5. 撒上烤榛果碎粒，搭配著英式蛋奶醬（Creme Anglaise）吃，會更美味喔！

巧思變化

也可以用烤榛果杏仁碎粒取代烤榛果碎粒。

4 人份

- 4 湯匙薄荷糖漿
- 100g 去皮糖漬檸檬
- 2 顆全蛋、2 顆蛋黃
- 120g 糖粉
- 250g 里科塔（Ricotta）乳酪
- 1 顆有機檸檬汁及檸檬皮
- 100g 低筋麵粉
- 50g 玉米粉
- 5 湯匙牛奶
- 15g 奶油
- 薄荷葉數片

CHEESECAKE

糖漬檸檬薄荷乳酪

menthe à l'eau et citron

★備材 10分鐘　★烘烤 25分鐘

1. 分離蛋白及蛋黃，將蛋白打發至堅挺。

2. 攪拌 4 顆蛋黃、糖粉、薄荷糖漿，加入瀝乾的里科塔乳酪、檸檬皮、檸檬汁一起攪拌。分次加入麵粉、玉米粉不停地攪拌。倒入牛奶拌勻，加入步驟 1 打發的蛋白，攪拌直到麵糊均勻光滑，再加入去皮糖漬檸檬。

3. 不沾平底鍋中融化奶油，倒入步驟 2 的麵糊，蓋上鍋蓋小火烘烤 20 分鐘。用另一個平底鍋或盤子輔助，將蛋糕翻面（蛋糕表面必須是乾燥的），不蓋上鍋蓋繼續烘烤 5 分鐘。

4. 滑動蛋糕到盤子上，放涼。用薄荷葉裝飾點綴其上，就完成啦！

私房技巧

我用含糖量 0 的薄荷糖漿，通常做蛋糕都會成功。如果你不是用不沾鍋，記得先放上烘焙烤紙，把平底鍋當模型，就可以使用了。

4 人份

4 顆水蜜桃

2 湯匙橙花水（烘焙用）

20g 奶油

3 顆蛋

150g 糖粉

100cc 牛奶

4 湯匙橄欖油

130g 低筋麵粉

1 包泡打粉（約 11g）

PÊCHES

橙花鮮果水蜜桃蛋糕

et fleur d'oranger

★備材 10分鐘　★烘烤 30分鐘

1. 水蜜桃去皮，切成大塊。不沾平底鍋中融化奶油，拌炒水蜜桃塊約 5 分鐘。

2. 在一個碗裡，用攪拌器將蛋、糖粉打發。加入牛奶、橄欖油、橙花水。再加入麵粉、泡打粉拌勻。

3. 將步驟 2 的麵糊，倒入步驟 1 平底鍋中的水蜜桃上，蓋上鍋蓋，小火烘烤 20 分鐘。

4. 用另一個平底鍋或盤子輔助，將表面已乾燥的蛋糕翻面，不蓋上鍋蓋，繼續烘烤 5 分鐘。

5. 滑動蛋糕於盤子上，放涼即可食用。

我的建議

請使用塑膠刀分切平底鍋上的蛋糕，以避免刮壞平底鍋喔！

4 人份

220g 黑櫻桃

70g 奶油

3 顆蛋

90g 糖粉

110g 低筋麵粉

1 包泡打粉（約 11g）

1 杯巧克力優格（125g）

10 滴紅色食用色素

8 顆糖漬櫻桃

香緹

100cc 鮮奶油

15g 糖粉

4 滴紅色食用色素

RED VELVET
香緹鮮奶油黑櫻桃蛋糕
aux cerises noires

★備材 10分鐘　★烘烤 25分鐘　★悶燒 10分鐘

1. 黑櫻桃去梗及去核。在不沾平底鍋中用 20g 奶油拌炒黑櫻桃，約 10 分鐘。

2. 將剩下 50g 奶油切小塊，950W 微波 30 秒，使奶油融化。

3. 在一個大碗裡，攪拌雞蛋、糖粉。加入麵粉、泡打粉攪拌之後，再加入巧克力優格、融化奶油繼續攪拌。滴入紅色食用色素，拌勻成麵糊。

4. 將步驟 3 的麵糊，倒入步驟 1 的黑櫻桃不沾鍋上，蓋上鍋蓋，小火烘烤 15 分鐘。關火後，蓋上鍋蓋繼續悶熟 10 分鐘。

5. **製作香緹**：打發鮮奶油，再拌入糖粉、紅色食用色素。

6. 在蛋糕上擠上香緹，用糖漬櫻桃做裝飾，立刻享用最美味！

4~6 人份

110g 奶油

150g 紅糖

1 顆蛋

210g 低筋麵粉

半包泡打粉（約 5.5g）

80g 胡桃

100g 黑巧克力

ONE PAN COOKIE

烤胡桃巧克力餅乾

★備材 10分鐘　★烘烤 20分鐘

1. 烤箱預熱 180 ℃。

2. 奶油切小塊，放入不沾鍋以中小火融化奶油。關火後，加入紅糖，用木勺攪拌。接著加入蛋攪拌，再倒入麵粉、泡打粉，攪拌均勻。

3. 胡桃壓碎，黑巧克力切碎，加入平底鍋中，與麵糊快速攪拌一次。將平底鍋放入烤箱裡，烘烤 20 分鐘。

甜點小故事

此平底鍋烤餅乾的作法，是常見小餅乾的放大版。第二次世界大戰期間，美國曾報導過類似的食譜。

4 人份

50g 杏仁粉

150g 糖漬檸檬

150g 糖漬橙片

3 顆蛋

150g 糖粉

125g 低筋麵粉

半包泡打粉（約 5.5g）

100cc 杏仁牛奶

4 湯匙橄欖油

15g 奶油

數片檸檬切片（裝飾用）

AMANDES

糖漬柑橘檸檬杏仁蛋糕

et agrumes confits

★備材 10分鐘　★烘烤 25分鐘

1. 在大碗裡，攪拌蛋、糖粉。加入麵粉、泡打粉、杏仁粉拌勻。再倒入杏仁牛奶、橄欖油，不停地攪拌，直到形成均勻的麵糊。加入切小塊的糖漬檸檬、糖漬橙片。

2. 不沾平底鍋中融化奶油，倒入麵糊，蓋上鍋蓋，小火烘烤 20 分鐘。用另一個平底鍋或盤子輔助，將表面已乾燥的蛋糕翻面，不蓋上鍋蓋，繼續烘烤 5 分鐘。

3. 滑動蛋糕於盤子上，放涼。用檸檬切片裝飾就完成了。

私房技巧

我建議使用小的法式可麗餅鍋，將蛋糕翻面。如此一來，蛋糕的表面會比較平整，而且很容易翻面喔！

4 人份

180g 榛果巧克力

1.5 湯匙咖啡濃縮液

140g 奶油

4 顆蛋

40g 糖粉

130g 低筋麵粉

1 包泡打粉（約 11g）

MARBRÉ CAFÉ
咖啡榛果大理石
praliné

★備材 10分鐘　★烘烤 20分鐘

1. 取 120g 奶油切小塊，用 950W 火力微波約 50 秒，融化奶油。

2. 在一個大碗裡，攪拌蛋、糖粉。分次加入融化的奶油攪拌，再加入麵粉、泡打粉不停地攪拌至均勻。將麵糊均分成 2 份，分別裝在 2 個碗裡。

3. 950W 微波融化榛果巧克力，約 50 秒，用刮刀攪拌均勻。

4. 其中一個裝有麵糊的碗，倒入咖啡濃縮液，拌勻形成咖啡麵糊。另一個裝有麵糊的碗，倒入融化的榛果巧克力，拌勻形成榛果麵糊。

5. 不沾平底鍋中，融化剩下 20g 奶油。關火後，從中心倒入一湯匙榛果麵糊，再一湯匙咖啡麵糊，重複此兩個麵糊的倒入方法，直到麵糊用完為止，形成美麗雙色的麵糊。

6. 蓋上鍋蓋，小火烘烤 20 分鐘，直到蛋糕表面乾燥。

7. 滑動蛋糕於盤子上，放涼即可享用。

私房技巧

平底鍋中的蛋糕不要烘烤超過 25 分鐘，不然可能會燒焦或太乾！如果蛋糕表面還沒乾燥或不夠熟，關火後，蓋上鍋蓋 15 分鐘，將蛋糕悶熟即可。

PANCAKE
荷蘭烤鬆餅
dutch baby

4 人份

4 顆小雞蛋

30g 糖粉

1 茶匙香草粉

125g 低筋麵粉

1 茶匙泡打粉

250cc 牛奶

40g 奶油

1 包香草糖粉（約 7.5g）

★備材 **10分鐘**　★烘烤 **15分鐘**

1. 烤箱預熱 220℃。

2. 在大碗裡，攪拌蛋、糖粉、香草粉。均勻撒上過篩麵粉、泡打粉，再倒入牛奶攪拌，形成麵糊。

3. 不沾平底鍋中融化奶油，倒入麵糊。將平底鍋放入烤箱中，烘烤 15 分鐘（蛋糕的邊緣會膨脹長高）。

4. 放涼，撒上香草糖粉。

我的建議

荷蘭烤鬆餅的配料，可以選擇任何你喜歡口味：巧克力醬、焦糖、水果泥、楓糖漿、新鮮水果切片等。

4 人份

300g 藍莓

3 顆蛋

120g 紅糖

150g 原味優格

1 湯匙橄欖油

60g 杏仁粉

130g 低筋麵粉

1 包泡打粉（約 11g）

15g 奶油

MOELLEUX
濕潤藍莓蛋糕
aux myrtilles

★備材 **10分鐘**　★烘烤 **20分鐘**

1. 在大碗裡，攪拌蛋、紅糖。加入原味優格、橄欖油、杏仁粉不停地攪拌。再倒入麵粉、泡打粉攪拌，形成均勻的麵糊。最後加入藍莓輕輕地攪拌。

2. 不沾平底鍋中融化奶油，倒入麵糊，蓋上鍋蓋，小火烘烤 15 分鐘。

3. 用另一個平底鍋或盤子輔助，將表面已乾燥的蛋糕翻面，不蓋上鍋蓋，繼續烘烤 5 分鐘。

4. 滑動蛋糕於盤子上，放涼。

私房技巧

建議使用透明的玻璃鍋蓋，比較好觀察蛋糕烘烤的狀況，不需要打開鍋蓋來看。

4 人份

250g 杏桃

3 湯匙蜂蜜

65g 奶油

2 顆蛋

80g 糖粉

140g 低筋麵粉

半包泡打粉（約 5.5g）

150cc 牛奶

1 包香草糖（約 7.5g）

ABRICOTS
蜂蜜杏桃蛋糕
et miel de fleurs

★備材 **10分鐘**　★烘烤 **35分鐘**

1. 將杏桃切成兩半，去核。不沾平底鍋中融化 15g 奶油，加入蜂蜜，拌炒 10 分鐘。

2. 將剩下的 50g 奶油切小塊，950W 微波 30 秒，融化奶油。

3. 分離蛋黃、蛋白。打發蛋白至堅硬挺立。在大碗裡，攪拌蛋黃、糖粉、麵粉、泡打粉，倒入牛奶、融化的奶油，再拌入打發的蛋白，形成均勻的麵糊。

4. 將步驟 3 的麵糊，倒入步驟 1 炒好的杏桃上。蓋上鍋蓋，小火烘烤 20 分鐘。用另一個平底鍋或盤子輔助，將表面已乾燥的蛋糕翻面，不蓋上鍋蓋，繼續烘烤 5 分鐘。

5. 滑動蛋糕於盤子上，撒上香草糖粉，放涼。

我的建議

非產季時，我用杏桃罐頭取代新鮮的杏桃，但使用時要將罐頭裡的糖水瀝掉。

4 人份

3 顆小威廉洋梨

2 根香蕉

100g 黑巧克力豆

2 顆蛋

120g 糖粉

120g 低筋麵粉

半包泡打粉（約 5.5g）

5 湯匙牛奶

2 湯匙橄欖油

20g 奶油

POIRE, BANANE

小威廉洋梨巧克力蛋糕

et éclats de chocolat

★備材 **10分鐘** ★烘烤 **25分鐘**

1. 洋梨、香蕉去皮，全部切丁。

2. 在大碗裡，攪拌蛋、糖粉。加入麵粉、泡打粉，再倒入牛奶、橄欖油輕輕地攪拌均勻。最後再加入黑巧克力豆、切丁洋梨、切丁香蕉攪拌。

3. 不沾平底鍋中融化奶油，倒入麵糊，蓋上鍋蓋，小火烘烤 20 分鐘。

4. 直到蛋糕表面是乾燥的，用另一個平底鍋或盤子輔助，將蛋糕翻面，不蓋上鍋蓋，繼續烘烤 5 分鐘。

5. 放在常溫下口感會比較柔軟，風味更佳喔！

食材小知識

威廉洋梨（*Poire William*）是西洋梨中的一個品種，香氣、甜度、酸度都很均衡飽滿。直接吃很美味，也很適合做各種甜點。

4 人份

1 顆有機檸檬

少許檸檬皮和 1 顆檸檬汁

4 湯匙橄欖油

6 湯匙豆漿

60g 低筋麵粉

1 杯原味優格（125g）

80g 紅糖

1 茶匙小蘇打粉

15g 奶油

2 湯匙糖粉

CARRÉS FONDANTS

檸檬橄欖油方形軟糖

au citron et à l'huile d'olive

★備材 **10分鐘**　★烘烤 **50分鐘**

1. 不鏽鋼鍋裡，放入 1 顆檸檬、水，蓋上鍋蓋煮滾 30 分鐘。將煮熟的檸檬切小塊，混合檸檬汁、橄欖油、豆漿、麵粉、原味優格、紅糖、小蘇打粉，拌勻。

2. 不沾平底鍋中融化奶油。倒入步驟 1 的麵糊，蓋上鍋蓋小火烘烤 15 分鐘。

3. 用另一個平底鍋或盤子輔助，將表面已乾燥的蛋糕翻面，不蓋上鍋蓋，繼續烘烤 5 分鐘。

4. 滑動蛋糕於盤子上，放涼後再切成方形小塊。撒上過篩糖粉和檸檬皮裝飾即可。

4 人份

7 條原味卡嘣吧（Carambar）

200g 白巧克力

少許白巧克力屑（裝飾用）

150cc 牛奶

65g 奶油

2 顆蛋

50g 糖粉

140g 低筋麵粉

1 包泡打粉（約 11g）

CARAMBAR®
法式經典白巧克力卡嘣吧
et chocolat blanc

★備材 10分鐘　★烘烤 20分鐘　★悶燒 15分鐘

1. 將卡嘣吧切小塊，放入不銹鋼鍋裡，倒入牛奶，小火加熱不停地攪拌，直到卡嘣吧融化。

2. 將 50g 奶油及白巧克力切小塊，一起用 950W 火力至完全融化（約 1 分鐘）。

3. 在一個大碗裡，用打蛋器攪拌蛋、糖粉，加上麵粉、泡打粉。接著加入步驟 2 融化的白巧克力奶油，再倒入步驟 1 融化的卡嘣吧牛奶，攪拌形成均勻的麵糊。

4. 不沾平底鍋中，融化剩下的 15g 奶油，倒入麵糊，蓋上鍋蓋小火烘烤 20 分鐘。

5. 關火後，蓋上鍋蓋，蛋糕悶熟約 15 分鐘。再撒上白巧克力屑裝飾就完成了。

美味 tip

可以依照自己喜歡的口感，決定要不要將蛋糕翻面再烘烤！如果兩面都烤過，會比較上色、口感香脆。如果不翻面，吃起來較柔軟、半熟內餡如熔岩般緩緩流出。

編按：甜點小故事

卡嘣吧是法國家喻戶曉的兒童糖果品牌，剛開始只有焦糖和可可口味，特色為堅硬黏牙，現在口味多變且更符合大眾喜好。

4 人份

300g 草莓

1 茶匙抹茶粉

15g 奶油

3 顆蛋

90g 糖粉

90g 低筋麵粉

200cc 牛奶

1 湯匙糖粉

CLAFOUTIS
抹茶草莓克拉芙緹
aux fr aises et thé matcha

★備材 10分鐘 ★烘烤 25~30分鐘

1. 草莓洗乾淨後去蒂，切成兩半。不沾平底鍋中，放入奶油、草莓，小火拌炒 10 分鐘。

2. 用打蛋器在大碗裡攪拌蛋、糖粉，然後加入麵粉拌一拌，再加入抹茶粉攪拌，最後倒入牛奶，攪拌均勻。

3. 將步驟 2 的麵糊，倒入步驟 1 的草莓平底鍋裡，蓋上鍋蓋，小火烘烤 15 ～ 20 分鐘，直到克拉芙緹（Clafoutis）的表面乾燥。

4. 克拉芙緹放涼冷卻後，撒上糖粉。冷藏後風味更好。

編按：甜點小故事

很家常、很簡單的克拉芙緹，發源於法國中南部利穆贊（Limousin）地區，普及於 19 世紀，是法國經典甜點。正宗的口味是櫻桃克拉芙緹，因為當地產盛產黑櫻桃，也可以用蘋果或其他微酸的水果取代。口感介於烤布丁和蛋糕之間，擁有酸甜的好滋味。

4 人份

250g 新鮮覆盆子

數顆新鮮覆盆子（裝飾用）

3 湯匙開心果醬

3 顆蛋

150g 糖粉

125g 低筋麵粉

半包泡打粉（約 5.5g）

50g 杏仁粉

100cc 牛奶

3 湯匙橄欖油

15g 奶油

少許切碎的開心果仁（裝飾用）

FRAMBOISES
開心果覆盆子蛋糕
et pistaches

★備材 10分鐘　★烘烤 25分鐘

1. 在一個小碗裡，攪拌蛋、糖粉。在另一個大碗裡，攪拌麵粉、泡打粉、杏仁粉後，再加入第一個小碗裡面的蛋糖混和液拌勻。接著倒入牛奶、橄欖油攪拌，再加入開心果醬，攪拌均勻。

2. 不沾平底鍋中融化奶油，倒入步驟 1 的麵糊，再均勻放上新鮮覆盆子，用手將覆盆子壓陷入麵糊的一半裡。蓋上鍋蓋，小火烘烤 20 分鐘。

3. 用另一個平底鍋輔助，將蛋糕翻面（蛋糕表面必須乾燥），不蓋鍋蓋繼續烘烤 5 分鐘。

4. 滑動蛋糕於盤子上放涼，擺上幾顆新鮮覆盆子和切碎的開心果仁裝飾即可。

私房技巧

我經常將蛋糕留在蓋上鍋蓋的平底鍋中，可以使蛋糕保存更完美。

4 人份

350g 切小塊的鳳梨

3 湯匙白萊姆酒

50g 椰子絲

100cc 椰漿

20g 奶油

3 顆蛋

130g 糖粉

150g 低筋麵粉

1 包泡打粉（約 11g）

3 湯匙橄欖油

少許椰子屑（裝飾用）

ANANAS FLAMBÉ,

萊姆酒椰香火焰鳳梨

rhum et coco

★備材 10分鐘　★烘烤 30分鐘

1. 不沾平底鍋中融化奶油，加入切小塊的鳳梨（如果用鳳梨罐頭，請先瀝乾多餘的鳳梨汁），中火拌炒 3、4 分鐘。關火後，再加入白萊姆酒點燃，揮發多餘的酒精，只留下萊姆酒的香氣。

2. 在大碗裡，攪拌蛋、糖粉、麵粉、泡打粉。加入椰子絲，再倒入椰漿、橄欖油，攪拌均勻後，再加入步驟 1 炒好的鳳梨。

3. 加熱步驟 1 的不沾平底鍋（不需要換新的平底鍋，也不需要用油），倒入步驟 2 的麵糊，蓋上鍋蓋用小火烘烤 20 分鐘。

4. 用另一個不沾平底鍋中，將椰子屑乾炒至上色，備用。

5. 用另一個平底鍋或盤子輔助，將表面已乾燥的蛋糕翻面，不蓋上鍋蓋，繼續烘烤 5 分鐘。

6. 撒上上色的椰子屑即可。

4 人份

250g 深色水果
（黑醋栗、黑莓、藍莓）
2 顆有機香檸檬汁、香檸檬皮
85g 奶油
3 顆蛋
130g 糖粉
140g 低筋麵粉
1 包泡打粉（約 11g）
4 湯匙鮮奶油

淋面
100g 白巧克力
5 湯匙鮮奶油

FRUITS NOIRS

香檸莓果佐白巧克力淋面

et bergamote, nappage chocolat blanc

★備材 10分鐘　★烘烤 30分鐘　★悶燒 15分鐘

1. 將 70g 奶油切小塊，950W 微波 35 秒，融化奶油。

2. 在大碗裡，攪拌蛋、糖粉，加入香檸檬汁、香檸檬皮攪拌，再加入融化奶油。倒入麵粉、泡打粉攪拌，再加入鮮奶油、深色水果，形成均勻的麵糊。

3. 不沾平底鍋中，融化剩下的 15g 奶油，倒入麵糊，蓋上鍋蓋，小火烘烤 25 分鐘。

4. 關火後，蓋上鍋蓋悶 15 分鐘。用另一個平底鍋或盤子輔助，將蛋糕翻面，不蓋上鍋蓋，繼續烘烤 5 分鐘。

5. **製作白巧克力淋面**：將白巧克力切小塊，950W 微波 40 秒，完全融化白巧克力後，再慢慢地加入鮮奶油攪拌，備用。

6. 將淋面淋在蛋糕上，美美的蛋糕就完成了！

食材小知識

香檸檬（*Citrus×bergamia*），又名香柑，是由綠檸檬和苦橙兩種品種共同培育改良而來。（編按：味道是酸的，營養價值極高，富含多種維生素和許多人體必需的微量元素，以及獨特的檸檬油、檸檬酸。）

4 人份

150g 粗粒小麥粉

4 湯匙紅色水果果醬

70g 糖粉

200cc 牛奶

1 顆大雞蛋

3 湯匙橄欖油

1 茶匙肉桂粉

15g 奶油

GÂTEAU DE SEMOULE

杜蘭麥粉佐紅果醬蛋糕

à la gelée de fruits rouges

★備材 10分鐘　★烘烤 25分鐘

1. 在大碗裡，倒入粗粒小麥粉，再加入糖粉、牛奶、蛋、橄欖油、肉桂粉，攪拌形成均勻的麵糊。

2. 不沾平底鍋中融化奶油，倒入步驟 1 的麵糊，蓋上鍋蓋，小火烘烤 20 分鐘。用另一個平底鍋或盤子輔助，將表面已乾燥的蛋糕翻面，不蓋上鍋蓋，繼續烘烤 5 分鐘。

3. 滑動蛋糕於盤子上，放涼，表面塗上紅色水果果醬，就完成了。

私房技巧

塗上果醬時，蛋糕必須是放涼的，是為了避免果醬接觸熱而融化。

編按：食材小知識

粗粒小麥粉是小麥粉的一種，以杜蘭小麥（Durum Wheat）磨製而成，顏色偏黃，顆粒比較粗，常用於義大利麵。

10 片去邊法國吐司

2 條香蕉

10 茶匙巧克力醬（Nutella）

30g 奶油

2 顆蛋

150cc 牛奶

1 湯匙香草糖粉

15g 糖粉

ROLLS DE PAIN PERDU

香蕉巧克力法式吐司捲
à la banane et au chocolat

★備材 10分鐘　★烘烤 5分鐘

1. 用桿麵棍快速壓平去邊法國吐司。香蕉去皮切成長條狀。

2. 每片吐司塗上一層薄薄的巧克力醬，再放上數條長條狀的香蕉。將每個包好香蕉巧克力的吐司捲起來，再對切成 2 份。

3. 不沾平底鍋中融化奶油。

4. 在大碗裡，攪拌蛋、牛奶、香草糖，形成麵糊。將每個香蕉巧克力吐司捲，浸過麵糊後放入平底鍋，煎 5 分鐘後翻面，煎至兩面皆呈金黃色即可。

5. 撒上糖粉，趁熱吃最美味！

我的建議

食譜裡的香蕉可以用果醬取代，這樣更省時又快速（果醬更容易塗抹在巧克力醬上）。

編按：食材小知識

法國吐司，音譯龐多米（*pain de mie*），也就是所謂的白麵包。是用麵包沾上蛋汁後，再用食用油煎至金黃色，可當早餐或下午茶點。

700g 紅色莓果
（覆盆子、草莓、紅醋栗）
4 顆蘋果
150g 奶油
3 包香草糖粉（約 22.5g）
200g 低筋麵粉
50g 紅糖
150g 糖粉
4 湯匙什錦麥片
30g 榛果杏仁

CRUMBLE

紅莓果杏仁榛果奶酥派

aux fruits rouges

★備材 10分鐘　★烘烤 25分鐘

1. 蘋果去皮，切小塊。

2. 不沾平底鍋中融化 30g 奶油，倒入所有的紅色水果、蘋果丁。撒上香草糖粉，用木勺拌炒 10 分鐘。

3. 將剩下的 120g 奶油切小塊，加入麵粉、紅糖、糖粉，用手揉麵糰直到呈現顆粒鬆散狀。再加入什錦麥片、榛果杏仁。

4. 另一個不沾平底鍋中，倒入步驟 3 的麵糰，用木勺小火翻炒 15 分鐘，直到呈現金黃色。

5. 將步驟 4 炒好的奶酥，倒入步驟 2 炒好的紅色莓果，放涼。可搭配香草冰淇淋一起享用！

4 人份

4 顆蘋果

20g 半鹽奶油

3 顆蛋

150g 糖粉

150g 低筋麵粉

1 包泡打粉（約 11g）

50g 杏仁粉

5 湯匙牛奶

3 湯匙橄欖油

APPLE CAKE

鹹奶油蘋果蛋糕

au beurre salé

★備材 **10分鐘**　★烘烤 **30分鐘**

1. 蘋果去皮切片，記得不要切太薄。

2. 不沾平底鍋中融化奶油，放入蘋果切片，拌炒 10 分鐘。

3. 在大碗裡，攪拌蛋、糖粉。加入麵粉、泡打粉、杏仁粉攪拌。再倒入牛奶、橄欖油，形成均勻的麵糊。

4. 將步驟 3 的麵糊，倒入步驟 2 炒好的蘋果上，蓋上鍋蓋，小火烘烤 15 分鐘。用另一個平底鍋或盤子輔助，將表面已乾燥的蛋糕翻面，不蓋上鍋蓋，繼續烘烤 5 分鐘。

5. 滑動蛋糕於盤子上，放涼。

我的建議

蛋糕烘烤完成時，趁熱淋上鹹奶油焦糖醬，美味會大大加分喔！

4 人份

125g 杏仁粉

350g 紅色莓果

（覆盆子、草莓、紅醋栗）

3 顆蛋

90g 糖粉

1 包香草糖（約 7.5g）

180g 無糖蘋果泥

60g 玉米粉

60g 太白粉

1 湯匙小蘇打粉

3 湯匙杏仁牛奶

15g 奶油

1 湯匙蜂蜜

AMANDES
無麩質莓果杏仁蛋糕
et fruits rouges sans gluten

★備材 10分鐘　★烘烤 20~25分鐘

1. 在大碗裡，用打蛋器打發蛋、糖粉、香草糖。加入無糖蘋果泥攪拌，再加入杏仁粉、玉米粉、太白粉、小蘇打粉。倒入杏仁牛奶攪拌，再拌入紅色莓果拌勻。

2. 不沾平底鍋中融化奶油，倒入麵糊，蓋上鍋蓋，小火烘烤 20 ～ 25 分鐘。

3. 直到蛋糕的表面烘熟，淋上蜂蜜，滑動蛋糕於盤子上，放涼。

編按：食材小知識

太白粉為天然的黏結劑，是無麩質甜點中不可少的，原因是為了彌補玉米粉所缺少的彈性（玉米粉的彈性比麥類少）。

麩質（*gluten*）又稱為麩質蛋白，小麥麩質、麵筋、麥膠、小麥蛋白質等，是穀物的一種蛋白質，人體腸道無法消化吸收，主要存在於麥類，包括小麥、大麥、黑麥、北非小米以及部份燕麥。

4 人份

4 顆洋梨

4 湯匙 Speculoos 餅乾抹醬

60g Speculoos 餅乾屑

15g 奶油

3 顆蛋

80g 糖粉

1 杯原味優格（125g）

125g 低筋麵粉

50g 玉米粉

半包泡打粉（約 5.5g）

POIRE
比利時餅乾抹醬洋梨蛋糕
et spéculoos

★備材 10分鐘　★烘烤 35分鐘

1. 洋梨去皮，切薄片。不沾平底鍋中融化奶油，炒洋梨片 10分鐘。關火後，加入 Speculoos 餅乾抹醬，用木勺拌勻。

2. 在一個碗裡，攪拌蛋、糖粉、原味優格。加入麵粉、玉米粉、泡打粉攪拌，再拌入 Speculoos 餅乾屑，形成均勻的麵糊。

3. 將步驟 2 的麵糊，倒入步驟 1 的平底鍋中。蓋上鍋蓋，小火烘烤 20 分鐘。用另一個平底鍋或盤子做輔助，蛋糕表面乾燥後將蛋糕翻面，不蓋上鍋蓋，繼續烘烤 5 分鐘。

4. 滑動蛋糕於盤子上，放涼之後，撒上 Speculoos 餅乾屑就完成了。

巧思變化

比利時 Lotus Speculoos 焦糖餅乾，口感酥脆，也可用其他牌子的焦糖餅乾取代。

4 人份

150g 葡萄乾

4 湯匙萊姆酒

500cc 牛奶

3 顆蛋

120g 糖粉

200g 低筋麵粉

50g 玉米粉

20g 鹹奶油

1 湯匙糖粉

FAR AUX RAISINS

布列塔尼葡萄萊姆酒蛋糕

★備材 10分鐘 ★烘烤 15分鐘

1. 拿一個碗，將葡萄乾浸泡在萊姆酒裡。

2. 不銹鋼鍋裡，倒入牛奶，小火加熱變微溫。在一個打蛋盆中，攪拌蛋、砂糖，加入麵粉、玉米粉，再加入溫熱的牛奶，不停地攪拌。加入瀝乾的葡萄乾，攪拌成均勻麵糊。

3. 不沾平底鍋中，融化奶油。倒入麵糊，用木勺攪拌直到麵糊變濃稠，小火烘烤 10 分鐘。

4. 用另一個平底鍋或盤子輔助，將表面已乾燥的蛋糕翻面，不蓋上鍋蓋，繼續烘烤 5 分鐘。

5. 滑動蛋糕於盤子上，放涼，撒上糖粉就完成了。

巧思變化

可以將葡萄乾用梅乾取代（不須浸泡萊姆酒）。

編按：甜點小故事

這是法國西北部布列塔尼地區的特色甜點，原法文中的「Far」意思是用牛奶製成的粥，可以想像牛奶麵粉香味十足，是款適合熱食的點心。

4 人份

2 顆蛋

70g 糖粉

270g 低筋麵粉

400cc 脫脂鮮奶

烘烤

50g 半鹽奶油

30g 糖粉

FARZ BUEN BRETON

法式榛果奶油焦脆可麗餅

★備材 10分鐘　★烘烤 8分鐘

1. 在大碗裡，攪拌蛋、糖粉。加入一匙麵粉、倒入些許牛奶，再加入一匙麵粉、些許牛奶，反覆加完，且不停地攪拌，形成光滑均勻的麵糊。

2. 將 25g 奶油煮至棕色焦化，形成「榛果奶油（Beurre Noisette）」，備用。

3. 不沾平底鍋中，融化剩下的 25g 奶油，直到奶油開始呈現棕色，倒入麵糊。小火加熱 1 分鐘，直到麵糊邊緣開始呈現熟化狀。用木勺將麵糊邊緣往內翻，再加上一點榛果奶油，撒上糖粉。

4. 繼續將麵糊翻炒分離成塊狀，呈現焦糖色。

5. 再加入一點榛果奶油、糖粉。持續翻炒 5 分鐘。

6. 將蛋糕趁熱倒入盤子裡，立即享用最美味喔！

甜點小故事

這個在法國通常當早餐吃。將可麗餅麵糊，在平底鍋中用歐姆雷炒蛋的做法，加上大量的奶油、糖，拌炒完成的小塊焦脆可麗餅，香氣四溢令人無法抗拒！

編按：食材小知識

「榛果奶油」又稱焦化奶油，是指將奶油加熱，煮至棕色焦化顏色如榛果色，香氣和色澤會大幅提升。法式常溫甜點常會用到，最經典款代表是費南雪（Financier）。

4 人份

150cc 豆漿

160g 榛果巧克力燕麥片

4 顆蛋

130g 糖粉

130g 低筋麵粉

1 包泡打粉（約 11g）

60g 杏仁粉

2 湯匙橄欖油

1 茶匙香草粉

15g 奶油

SOJA
榛果巧克力杏仁豆漿蛋糕
et muesli

★備材 10分鐘　★烘烤 28分鐘

1. 在大碗裡，攪拌蛋、糖粉。加入麵粉、泡打粉，再加入杏仁粉攪拌。倒入豆漿、橄欖油。撒上香草粉，加入榛果巧克力燕麥片攪拌均勻。

2. 不沾平底鍋中融化奶油，倒入步驟 1 的麵糊，蓋上鍋蓋，小火烘烤 25 分鐘。

3. 用另一個平底鍋或盤子輔助，將表面已乾燥的蛋糕翻面，不蓋上鍋蓋，繼續烘烤 3 分鐘。

4. 滑動蛋糕於盤子上，放涼。

延伸食譜

可以將橄欖油用杏仁汁取代，增加蛋糕的杏仁豆香味。

25 份

250g 低筋麵粉

2 茶匙泡打粉

75g 紅糖

1 茶匙香料麵包香料

125g 奶油

1 顆大雞蛋

100g 蔓越莓乾

3 湯匙糖粉

1 湯匙肉桂粉

BISCUITS DE NOËL

蔓越莓聖誕星餅乾

aux épices

★備材 10分鐘　★冷藏 20分鐘　★烘烤 5分鐘

1. 混和麵粉、泡打粉、紅糖、香料麵包香料，攪拌均勻。

2. 在大碗裡，將奶油切小塊。加入步驟 1 的混合物、蛋，用手揉成麵糰。再加入蔓越莓乾，將麵糰用保鮮膜包好，放入冰箱冷藏 20 分鐘。

3. 桌上撒一些麵粉，用擀麵棍將麵糰擀成 1 公分的厚度。

4. 用餅乾壓模器，將麵糰壓出形狀，放入不沾平底鍋中，小火烘烤 2、3 分鐘，再翻面烘烤 2、3 分鐘。

5. 將烤好的餅乾放在盤子上，撒上糖粉、肉桂粉，可口酥脆的餅乾就完成啦！

私房技巧

先將糖粉、肉桂粉混和好，再用茶球或篩網均勻地撒在餅乾上。

4 人份

300g 新鮮大黃根

20g 蛋白霜

20g 奶油

2 包香草糖（約 15g）

2 顆蛋

130g 糖粉

60 杏仁粉

130g 低筋麵粉

1 包泡打粉（約 11g）

100cc 牛奶

2 湯匙橄欖油

1/2 茶匙香草糖粉

RHUBARBE
蛋白霜大黃根
et meringue

★備材 10分鐘　★烘烤 35分鐘

1. 大黃根去皮，切成小塊狀。不沾平底鍋中融化奶油，加入切塊的大黃根、香草糖，用木勺小火拌炒 10 分鐘。

2. 在大碗裡，攪拌蛋、糖粉、杏仁粉。加入麵粉、泡打粉攪拌，再倒入牛奶、橄欖油後，扮入香草糖粉，形成均勻的麵糊。

3. 將步驟 2 的麵糊，倒入步驟 1 炒好的大黃根上，蓋上鍋蓋，小火烘烤 20 分鐘。

4. 用另一個平底鍋或盤子輔助，將表面已乾燥的蛋糕翻面，不蓋上鍋蓋，繼續烘烤 5 分鐘。

5. 滑動蛋糕於盤子上，放涼。再用碎屑的蛋白霜裝飾。

編按：食材小知識

大黃（*Rhubarbe*）是多種蓼科大黃屬，多年生草本植物的合稱。大黃的葉片富含草酸，有毒性不可以食用。然而，大黃的莖可以食用，營養豐富，酸酸的味道，很適合做法式甜點。

〜〜〜

3 條香蕉

1 湯匙亞麻籽（15g）

40g 去殼葵花籽

10g 罌粟籽

125g 奶油

80g 糖粉

3 顆蛋

30g 蜂蜜

120g 低筋麵粉

50g 玉米粉

1 包泡打粉（約 11g）

50g 榛果粉

BANANA BREAD

榛果穀物香蕉麵包

aux grains

〜〜〜〜〜〜〜〜〜〜〜〜〜〜〜〜〜〜

★備材 10分鐘　★烘烤 25分鐘　★冷卻 15分鐘

〜〜〜〜〜〜〜〜〜〜〜〜〜〜〜〜〜〜

1. 香蕉去皮，用叉子搗碎成泥。將 110g 奶油切小塊，950W 微波 45 秒，使奶油融化。

2. 在大碗裡，攪拌糖粉、融化奶油。一顆一顆分次加入蛋，再加入蜂蜜。拌入麵粉、玉米粉、泡打粉。再加入榛果粉、香蕉泥、所有穀物（亞麻籽、葵花籽、罌粟籽），拌勻形成麵糊。

3. 不沾平底鍋中，融化剩下的 15g 奶油。倒入麵糊，蓋上鍋蓋，小火烘烤 20 分鐘。關火，蓋上鍋蓋續悶 15 分鐘。

4. 用另一個平底鍋或盤子輔助，將蛋糕翻面，不蓋鍋蓋，繼續烘烤 5 分鐘。

5. 滑動蛋糕於盤子上，放涼。

巧思變化

可將食譜中的所有穀物，改用 70g 無糖什錦麥片取代。

4 人份

200g 瑞布羅申乳酪
（Reblochon）
100g 袖帕火腿
（Coppa）
半顆紅洋蔥
85g 奶油
3 顆蛋
130g 低筋麵粉
1 包泡打粉（約 11g）
100cc 干白葡萄酒
（Dry White Wine）
2 湯匙胡椒粒

REBLOCHON, COPPA

紅洋蔥袖帕火腿乳酪

et oignons rouges

★備材 10分鐘　★烘烤 30分鐘

1. 紅洋蔥切細。用不沾平底鍋融化 15g 奶油，加入洋蔥拌炒 5 分鐘。

2. 將剩下的 60g 奶油切小塊，950W 微波 50 秒，融化奶油。

3. 將瑞布羅申乳酪切小塊，袖帕火腿切成條狀。在大碗裡，用攪拌器打蛋，加入麵粉、泡打粉攪拌，再加入融化的奶油、白葡萄酒。拌入胡椒粒、袖帕火腿、瑞布羅申乳酪攪拌均勻。

4. 將步驟 3 的麵糊，倒入步驟 1 炒好的洋蔥上，蓋上鍋蓋，小火烘烤 20 分鐘。用另一個平底鍋或盤子輔助，將表面已乾燥的蛋糕翻面，不蓋上鍋蓋，繼續烘烤 5 分鐘。

5. 蛋糕放涼冷卻數分鐘後，享用前，撒上少許胡椒粒。

編按：經典食材

瑞布羅申乳酪：產自法國阿爾卑斯山附近。外殼呈桃灰色，起司肉柔軟多孔，氣味非常辛辣，但味道卻意外溫和。

袖帕火腿：義大利文「頸背」之意，取自豬頸部的生肉，加以緊壓灌入腸衣醃製而成，這是義大利中部與科西嘉最常見的肉製品。

4 人份

100g 新鮮綠蘆筍

100g 帕馬森（Parmesan）乾酪絲

些許帕馬森乾酪絲（裝飾用）

3 顆蛋

150g 低筋麵粉

半包泡打粉（約 5.5g）

150cc 淡鮮奶油

3 湯匙橄欖油

15g 奶油

少許鹽、胡椒

ASPERGES VERTES

綠蘆筍帕馬森鹹蛋糕

et parmesan

★備材 10分鐘　★烘烤 25分鐘　★悶燒 5分鐘

1. 新鮮綠蘆筍削皮，放入有鹽水的微波碗裡，蓋上蓋子，950W 微波 8 分鐘。

2. 在大碗裡，用攪拌器打蛋，均勻撒上過篩麵粉、泡打粉攪拌，再加入淡鮮奶油、橄欖油攪拌。加入帕馬森乾酪絲、綠蘆筍，最後加入鹽、胡椒，用刮刀輕輕地拌勻。

3. 不沾鍋平底鍋中融化奶油，倒入上述麵糊。蓋上鍋蓋，小火烘烤 15 分鐘。

4. 關火後，蓋上鍋蓋，悶熟鹹蛋糕 5 分鐘。

5. 鹹蛋糕趁熱或微溫時，撒上帕馬森乾酪絲即可享用。

延伸變化

所有鹹蛋糕都可以當主餐，配菜可以搭配堅果沙拉，就是豐盛的一餐。

編按：食材小知識

動物性鮮奶油是從牛奶中提煉出，根據不同乳脂肪含量來區分，常見的是打發鮮奶油（ *Whipped cream* ），乳脂肪量約 *30%* 左右。**淡鮮奶油**是乳脂肪含量較低的鮮奶油，約 *12 ～ 21%* 左右。

4 人份

250g 新鮮菠菜

200g 新鮮山羊乳酪

70g 松子

20g 奶油

3 顆蛋

3 湯匙橄欖油

130g 低筋麵粉

1 包泡打粉（約 11g）

100cc 牛奶

少許鹽、胡椒

ÉPINARDS,
乳酪菠菜鹹蛋糕
chèvre frais et pignons

★備材 10分鐘　★烘烤 25分鐘　★悶燒 5分鐘

1. 新鮮菠菜去梗，沖洗乾淨，不要把水瀝太乾。不沾鍋平底鍋中融化奶油，加入菠菜，用木勺小火拌炒數分鐘後，蓋上鍋蓋，直到菠菜悶熟變軟。瀝乾水份後，備用。

2. 在大碗裡，攪拌蛋、山羊乳酪、橄欖油。加入麵粉、泡打粉攪拌均勻，再加入牛奶、松子及鹽、胡椒來調味，最後加入菠菜。

3. 不沾平底鍋中，倒入麵糊，蓋上鍋蓋，小火烘烤 15 分鐘。

4. 關火後，蓋上鍋蓋，悶熟鹹蛋糕 5 分鐘。立刻享用風味絕佳的鹹蛋糕吧！

食材食譜速查索引

\ 不用買烤箱也OK！/
法國老奶奶的
平底鍋鹹甜蛋糕食譜

作　　　　　者	依麗絲·黛爾帕·艾爾瓦黑（Elise Delprat-Alvares）
翻　　　　　譯	蘇菲 Sophie
全 書 設 計	犬良設計
編輯暨行銷統籌	吳巧亮
行 銷 企 劃	洪于茹
出　　版　　者	寫樂文化有限公司
創　　辦　　人	韓嵩齡、詹仁雄
發行人兼總編輯	韓嵩齡
發 行 業 務	蕭星貞
發 行 地 址	106 台北市大安區四維路 14 巷 6 號 B1
電　　　　　話	(02) 6617-5759
傳　　　　　真	(02) 2701-7086
劃 撥 帳 號	50281463
讀 者 服 務 信 箱	soulerbook@gmail.com
總　　經　　銷	時報文化出版企業股份有限公司
公 司 地 址	台北市和平西路三段 240 號 5 樓
電　　　　　話	(02) 2306-6600
傳　　　　　真	(02) 2304-9302

© Larousse 2016
Complex Chinese edition published through The Grayhawk Agency
Complex Chinese edition copyright © 2017 Souler Creative

第一版第一刷　2017 年 7 月 7 日
ISBN　978-986-94125-1-3

國 家 圖 書 館 出 版 品 預 行 編 目（CIP）資 料

不用買烤箱也OK！法國老奶奶的平底鍋鹹甜蛋
糕食譜 / 依麗絲·黛爾帕·艾爾瓦黑 (Elise Delprat-
Alvares) 作；蘇菲翻譯 -- 第一版 -- 臺北市：寫樂文化，
2017.07
　　面；　公分 -- （我的檔案夾；23）
譯自：A poele les gateaux!
ISBN 978-986-94125-1-3(平裝)

1. 點心食譜

427.16　　　　　　　　　　　　　　　105023557